10 · 분 · 의 · 비 · 법

학습수학 연구회 편

2012년 1월 20일 초판 1쇄 발행
2019년 10월 10일 초판 5쇄 발행

발행처 주식회사 지원 출판
발행인 김진용
기획 디자인여우야

주 소 경기도 파주시 탄현면 검산로 472-3
전 화 031-941-4474
팩 스 0303-0942-4474

등록번호 406-2008-000040호

이 책의 구성과 특징

수학의 기초가 튼튼해지는 10분 계산법

계산은 수학의 기본으로 숫자에 대한 감각을 익히고 기초 계산 능력을 향상시킴으로써 수학 공부의 기초를 튼튼히 할 수 있습니다.

두뇌를 발달시키고 숫자에 대한 감각을 익혀주는 10분 계산법

아이가 계산을 하다보면 숫자에 대한 감각을 익히고 계산의 논리를 깨우치게 됩니다.

논리적이고 합리적인 사고력과 문제 해결력을 길러 주는 10분 계산법

수학을 잘하는 어린이는 머리가 좋아서 잘하는 것이 아니라 수학의 계산법의 기술을 터득하여 잘하는 것입니다.

계산의 논리를 깨우치게 하는 10분 계산법

계산은 아이의 뇌를 자극하여 두뇌를 발달시킵니다. 그러다보면 집중력이 향상되어 공부의 습관이 길러집니다.

성취감을 알게 하는 10분 계산법

집중력이 향상되는 학습습관을 기르다보면 다른 공부까지 잘하게 되는 현상이 이어집니다.

스스로 공부하게 되는 10분 계산법

'10분 계산법' 은 초등수학을 01~90단계로 기초-실력-완성편으로 단계별 능력별 학습법으로 구성되어 있습니다. 각 단계마다 8회의 반복 학습으로 충분히 연습할 수 있도록 하여 아이 스스로 공부할 수 있게 하였습니다.

차례

초등수학 10분 계산법 A-2 자연수의 덧셈과 뺄셈(기초편-2)

초등수학 10분 계산법 A-1 | 자연수의 덧셈과 뺄셈(기초편-1)

초등수학 10분 계산법 A-3 | 자연수의 덧셈과 뺄셈(실력편-1)

초등수학 10분 계산법 A-4 | 자연수의 덧셈과 뺄셈(실력편-2)

초등수학 10분 계산법 A-5 | 자연수의 덧셈과 뺄셈(완성편-1)

21단계 받아올림이 있는 세 자리 수 + 세 자리 수 (일의 자리에서 받아올림)
22단계 받아올림이 있는 세 자리 수 + 세 자리 수 1(일의 자리, 십의 자리에서 받아올림)
23단계 받아올림이 있는 세 자리 수 + 세 자리 수 2(일의 자리, 십의 자리에서 받아올림)
24단계 받아내림이 있는 세 자리 수 − 세 자리 수 1(십의 자리에서 받아내림)
25단계 받아내림이 있는 세 자리 수 − 세 자리 수 2(십의 자리에서 받아내림)

초등수학 10분 계산법 A-6 | 자연수의 덧셈과 뺄셈(완성편-2)

26단계 받아올림이 있는 세 자리 수 + 세 자리 수 1(일, 십, 백의 자리에서 받아올림)
27단계 받아올림이 있는 세 자리 수 + 세 자리 수 2(일, 십, 백의 자리에서 받아올림)
28단계 받아올림이 있는 세 자리 수 + 세 자리 수 3(일, 십, 백의 자리에서 받아올림)
29단계 받아내림이 있는 세 자리 수 − 세 자리 수 1(십, 백의 자리에서 받아내림)
30단계 받아내림이 있는 세 자리 수 − 세 자리 수 2(십, 백의 자리에서 받아내림)

초등수학 10분 계산법 B-1 | 자연수의 곱셈과 나눗셈(기초편-1)

31단계 구구단 익히기
32단계 받아올림이 없는 두 자리수 × 한 자리 수
33단계 일의 자리에서 받아올림이 있는 두 자리수 × 한 자리 수
34단계 나머지가 없는 나눗셈(한 자리 수 ÷ 한 자리 수, 두 자리 수 ÷ 한 자리 수)
35단계 나머지가 있는 나눗셈(한 지리 수 ÷ 한 자리 수, 두 자리 수 ÷ 한 자리 수)

초등수학 10분 계산법 B-2 | 자연수의 곱셈과 나눗셈(기초편-2)

36단계 일 · 십의 자리에서 받아올림이 있는 두 자리수 × 한 자리 수 1
37단계 일 · 십의 자리에서 받아올림이 있는 두 자리수 × 한 자리 수 2
38단계 일 · 십의 자리에서 받아올림이 있는 세 자리 수 × 한 자리 수
39단계 나머지가 없는 두 자리 수 ÷ 한 자리 수
40단계 나머지가 있는 두 자리 수 ÷ 한 자리 수

초등수학 10분 계산법 B-3 | 자연수의 곱셈과 나눗셈(실력편-1)

41단계 일 · 십 · 백의 자리에서 받아올림이 있는 세 자리 수 × 한 자리 수
42단계 곱셈 구구 응용
43단계 두 자리 수 × 십 몇
44단계 나머지가 없는 세 자리 수 ÷ 한 자리 수
45단계 나머지가 있는 세 자리 수 ÷ 한 자리 수

초등수학 10분 계산법 B-4 | 자연수의 곱셈과 나눗셈(실력편-2)

46단계 두 자리 수 × 두 자리 수 1
47단계 두 자리 수 × 두 자리 수 2
48단계 세 자리 수 × 십 몇
49단계 세 자리 수 × 두 자리 수 1
50단계 나머지가 있는 세 자리 수 ÷ 두 자리 수 1

초등수학 10분 계산법 B-5 | 자연수의 곱셈과 나눗셈(완성편-1)

51단계 세 자리 수 × 두 자리 수 2
52단계 네 자리 수 × 두 자리 수 1
53단계 네 자리 수 × 두 자리 수 2
54단계 나머지가 있는 세 자리 수 ÷ 두 자리 수 2
55단계 나머지가 있는 네 자리 수 ÷ 두 자리 수 1

초등수학 10분 계산법 B-6 | 자연수의 곱셈과 나눗셈(완성편-2)

56단계 세 자리 수 × 세 자리 수 1
57단계 세 자리 수 × 세 자리 수 2
58단계 세 자리 수 × 세 자리 수 3
59단계 나머지가 있는 네 자리 수 ÷ 두 자리 수 2
60단계 자연수의 혼합 계산

초등수학 10분 계산법 C-1 | 분수의 덧셈과 뺄셈(기초편-1)

61단계 분모가 같은 분수의 덧셈 1
62단계 분모가 같은 분수의 뺄셈 1
63단계 가분수를 대분수로 고치기
64단계 분모가 같은 분수의 덧셈 2
65단계 분모가 같은 분수의 뺄셈 2

초등수학 10분 계산법 C-2 | 분수의 덧셈과 뺄셈(기초편-2)

초등수학 10분 계산법 C-3 | 소수의 덧셈과 뺄셈(실력편-1)

초등수학 10분 계산법 C-4 | 분수 · 소수의 덧셈과 뺄셈(실력편-2)

초등수학 10분 계산법 C-5 | 분수의 덧셈과 뺄셈(완성편-1)

초등수학 10분 계산법 C-6 | 분수의 덧셈과 뺄셈(완성편-2)

초등 수학 단계별 계산력 향상 프로그램
10분 계산법

이 · 렇 · 게 · 지 · 도 · 해 · 주 · 세 · 요

1. 아이의 능력에 맞는 단계에서 시작합니다.

'10분 계산법' 은 실력에 따라 단계별로 구성된 교재입니다.

학년이나 나이와 상관없이 아이의 수준에 따라 시작해주십시오. 그래야 아이가 공부에 대해 성취감과 자신감을 갖게 됩니다. 처음부터 어려움을 느낀다면 아이가 흥미를 잃게 됩니다.

2. 규칙적으로 꾸준히 공부하도록 분위기를 만들어 줍니다.

올바른 공부 방법은 규칙적으로 하는 것입니다. 하루도 빠짐없이 매일 10분씩이라도 정해진 분량을 공부하도록 합니다.

3. 계산 원리를 이해시키면 수학이 쉬워집니다.

수학의 기본적인 원리를 이해해야만 논리적인 사고력을 키울 수가 있습니다. 기본적인 원리를 이해시켜야 아이가 흥미를 가지고 집중력을 기를 수가 있습니다.

4. 단원의 마지막 마다 나오는 성취 테스트에서 아이의 성취도를 확인해 주세요.

성취 테스트에서 아이가 완전히 이해한 후 다음 단계로 넘어가 주세요. 능력에 맞는 학습 분량과 학습 시간을 체크해 가면서 학습 목표를 100% 달성하는 것이 중요합니다.

5. 문장 수학 논술 문제에서는 풀이 과정을 정확하게 적도록 해 주세요.

계산 원리를 제대로 이해했는지 알 수 있도록 해 주는 것이 풀이 과정입니다.

6. 아이에게 칭찬과 격려를 해 주세요.

아이는 자신감이 생겨야 집중력을 발휘할 수가 있습니다. 조금 부족하더라도 칭찬과 격려를 해주신다면 아이는 자신감이 생겨서 성적이 쑥쑥 오를 것 입니다.

10 · 분 · 의 · 비 · 법

(주) 지원 출판

06단계 지·도·내·용

받아올림이 없는

두 자리 수 + 한 자리 수

지도 내용

- 세로셈에 있어서 일의 자리는 일의 자리에, 십의 자리는 십의 자리에 쓸 수 있도록 지도합니다.

풀이 내용

- 받아올림이 없는 한 자리 수끼리의 덧셈과 같은 방식으로 계산합니다.
단, 일의 자리의 수끼리 더하여 일의 자리에 쓰고, 십의 자리의 수는 십의 자리에 그대로 씁니다.

	4	1
+		5
	4	6

41 + 5 = 46

- '일' 의 자리 수 1과 5를 먼저 더하여 1의 자리에 6을 쓰고,
- '십' 의 자리 수 4는 십의 자리에 그대로 씁니다.

받아올림이 없는

두 자리 수 + 한 자리 수

06단계

기 | 초 | 편

06단계 종합 성적

참 잘했어요!	잘했어요!	열심히 했어요!

틀린 개수 0~2개	틀린 개수 3~5개	틀린 개수 6개 이상

● 학습 일정 관리표 ●

	정답수	오답수	공부한 날	확 인
06-01회				
06-02회				
06-03회				
06-04회				
06-05회				
06-06회				
06-07회				
06-08회				

- 엄마와 함께 공부하면서 아이가 직접 써 나가도록 지도해 주세요.
- 틀린 개수를 확인하고 왜 틀렸는지 다시 한번 내용을 확인해 주세요.

■ 다음 덧셈을 하시오.

❶ 82+4=

❷ 81+6=

❸ 93+1=

❹ 26+2=

❺ 84+5=

❻ 85+3=

❼ 63+4=

❽ 52+2=

❾ 71+5=

❿ 23+2=

⓫ 53+3=

⓬ 62+5=

⓭ 34+3=

⓮ 47+2=

⓯ 36+3=

⓰ 65+4=

⓱ 38+1=

⓲ 73+5=

⓳ 84+2=

⓴ 42+6=

재미있게 공부하는 문장 수학 논술 문제

1. 수혜는 예쁜 털실 82㎝를 가지고 있는데 6㎝를 친구가 주었습니다. 수혜가 가지고 있는 털실은 모두 몇 ㎝일까요?

공부한 날 월 일

다음 덧셈을 하시오.

❶ $83+5=$

❷ $25+4=$

❸ $61+2=$

❹ $42+5=$

❺ $36+2=$

❻ $52+7=$

❼ $44+5=$

❽ $93+2=$

❾ $75+1=$

❿ $22+2=$

⓫ $86+3=$

⓬ $82+3=$

⓭ $31+8=$

⓮ $85+2=$

⓯ $74+2=$

⓰ $83+6=$

⓱ $34+3=$

⓲ $62+6=$

⓳ $27+1=$

⓴ $93+3=$

식을 세워 보자! ____________

정답 : (   ) cm

다음 덧셈을 하시오.

❶ $82+6=$

❷ $41+7=$

❸ $75+2=$

❹ $23+6=$

❺ $57+1=$

❻ $63+2=$

❼ $55+4=$

❽ $71+3=$

❾ $86+1=$

❿ $32+4=$

⓫ $84+2=$

⓬ $62+2=$

⓭ $96+3=$

⓮ $33+3=$

⓯ $44+5=$

⓰ $42+7=$

⓱ $93+4=$

⓲ $54+1=$

⓳ $75+3=$

⓴ $52+5=$

재미있게 공부하는 문장 수학 논술 문제

2. 향단이는 동화책을 어제는 34쪽을 읽고 오늘은 5쪽을 읽었습니다. 향단이는 모두 몇 쪽의 책을 읽었을까요?

공부한 날 월 일

■ 다음 덧셈을 하시오.

❶ $64+4=$

❷ $72+4=$

❸ $52+1=$

❹ $46+2=$

❺ $92+3=$

❻ $43+6=$

❼ $25+2=$

❽ $82+7=$

❾ $93+3=$

❿ $84+2=$

⓫ $72+2=$

⓬ $33+4=$

⓭ $91+1=$

⓮ $42+5=$

⓯ $57+2=$

⓰ $92+5=$

⓱ $85+4=$

⓲ $62+6=$

⓳ $84+3=$

⓴ $46+1=$

식을 세워 보자! ____________________

정답 : ( ) 쪽

■ 다음 덧셈을 하시오.

❶ $32+7=$

❷ $55+3=$

❸ $92+3=$

❹ $63+1=$

❺ $97+2=$

❻ $74+3=$

❼ $81+2=$

❽ $96+1=$

❾ $42+4=$

❿ $23+2=$

⓫ $83+3=$

⓬ $51+5=$

⓭ $33+4=$

⓮ $71+2=$

⓯ $72+5=$

⓰ $84+5=$

⓱ $52+2=$

⓲ $66+3=$

⓳ $95+4=$

⓴ $73+5=$

재미있게 공부하는 문장 수학 논술 문제

3. 병원이는 학교에서 학원까지 가는데 걸어서 26분을 가고, 뛰어서 3분을 갔습니다. 병원이가 학원까지 가는데 모두 몇 분 걸렸을까요?

공부한 날 월 일

■ 다음 덧셈을 하시오.

❶ $84+2=$

❷ $62+5=$

❸ $73+4=$

❹ $37+1=$

❺ $81+6=$

❻ $83+5=$

❼ $47+2=$

❽ $22+4=$

❾ $91+3=$

❿ $93+6=$

⓫ $84+4=$

⓬ $72+7=$

⓭ $55+2=$

⓮ $44+5=$

⓯ $92+3=$

⓰ $92+2=$

⓱ $52+1=$

⓲ $35+4=$

⓳ $63+3=$

⓴ $82+2=$

식을 세워 보자! ______________________________

정답 : (　　　　　　　　　　) 분

■ 다음 덧셈을 하시오.

❶ 91+5=

❷ 82+4=

❸ 51+6=

❹ 64+1=

❺ 35+2=

❻ 74+2=

❼ 65+3=

❽ 53+4=

❾ 92+2=

❿ 46+3=

⓫ 52+3=

⓬ 34+3=

⓭ 83+2=

⓮ 85+4=

⓯ 63+6=

⓰ 81+7=

⓱ 75+1=

⓲ 84+4=

⓳ 22+5=

⓴ 41+8=

재미있게 공부하는 문장 수학 논술 문제

4. 닭장에 닭이 72마리가 있습니다. 그런데 5마리를 더 사다 넣었습니다. 닭장에는 몇 마리의 닭이 있을까요?

공부한 날 월 일

■ 다음 덧셈을 하시오.

❶ 71+3=

❷ 23+6=

❸ 92+5=

❹ 64+4=

❺ 36+2=

❻ 92+2=

❼ 45+2=

❽ 52+7=

❾ 82+1=

❿ 33+4=

⓫ 83+5=

⓬ 77+2=

⓭ 74+3=

⓮ 25+3=

⓯ 32+3=

⓰ 94+2=

⓱ 42+6=

⓲ 81+7=

⓳ 68+1=

⓴ 34+5=

식을 세워 보자! ________________

정답 : (   ) 마리

성취도 테스트 문제

■ 다음 덧셈을 하시오.

❶ $65+4=$

❷ $38+1=$

❸ $72+6=$

❹ $84+2=$

❺ $42+6=$

❻ $83+6=$

❼ $34+3=$

❽ $61+7=$

❾ $27+1=$

❿ $93+3=$

⓫ $42+7=$

⓬ $93+4=$

⓭ $54+1=$

⓮ $75+3=$

⓯ $52+5=$

⓰ $92+5=$

⓱ $85+4=$

⓲ $62+6=$

⓳ $84+3=$

⓴ $46+1=$

㉑ $84+5=$

㉒ $52+2=$

★ 앞장을 마친 후 실시해 주십시오.

공부한 날 월 일

㉓ 66+3=

㉔ 95+4=

㉕ 73+5=

㉖ 92+2=

㉗ 52+1=

㉘ 35+4=

㉙ 63+3=

㉚ 82+2=

테스트 결과표

성취도 테스트 문제는 앞 장의 공부가 끝나고 얼마나 정확하고 빠르게 습득했는지를 알아보기 위한 확인과정의 테스트입니다.
아이가 무엇을 이해 못하는지 어느 부분에서 실수를 하는지 보완하고 잡아주기 위한 자료로 활용하시면 아이에게 큰 도움이 될 것입니다.

정답수	30문제	25문제	20문제	20문제 이하
성취도	**아주 잘함**	**잘함**	**보통**	**부족함**

※ 정답은 뒷장에 있습니다.

07단계 지·도·내·용

받아내림이 없는

두 자리 수 – 한 자리 수

지도 내용

• 세로셈에 있어서 일의 자리는 일의 자리에, 십의 자리는 십의 자리에 정확히 쓸 수 있도록 합니다.

풀이 내용

• 받아내림이 없는 한 자리 수끼리의 뺄셈과 같은 방식으로 계산합니다.

단, 일의 자리의 수끼리 뺄셈하여 일의 자리에 쓰고, 십의 자리의 수는 십의 자리에 그대로 씁니다.

	4	5
-		3
	4	2

$45 - 3 = 42$

• 일의 자리의 수 5에서 3을 빼어 일의 자리에 2를 쓰고,

• 십의 자리의 수 4는 십의 자리에 그대로 씁니다.

6단계 성취도문제 정답

❶69 ❷39 ❸78 ❹86 ❺48 ❻89 ❼37 ❽68 ❾28 ❿96 ⓫49 ⓬97 ⓭55 ⓮78 ⓯57
⓰97 ⓱89 ⓲68 ⓳87 ⓴47 ㉑89 ㉒54 ㉓69 ㉔99 ㉕78 ㉖94 ㉗53 ㉘39 ㉙66 ㉚84

6단계 문장 수학 논술 문제 정답

1.식 82+6=88 답 88
2.식 34+5=39 답 39
3.식 26+3=29 답 29
4.식 72+5=77 답 77

받아내림이 없는

두 자리 수 – 한 자리 수

07단계

기 | 초 | 편

07단계 종합 성적

참 잘했어요!	잘했어요!	열심히 했어요!

틀린 개수 0~2개	틀린 개수 3~5개	틀린 개수 6개 이상

● 학습 일정 관리표 ●

	정답수	오답수	공부한 날	확 인
07-01회				
07-02회				
07-03회				
07-04회				
07-05회				
07-06회				
07-07회				
07-08회				

- 엄마와 함께 공부하면서 아이가 직접 써 나가도록 지도해 주세요.
- 틀린 개수를 확인하고 왜 틀렸는지 다시 한번 내용을 확인해 주세요.

받아내림이 없는

두 자리 수 - 한 자리 수

■ 다음 뺄셈을 하시오.

❶ 18-2=

❷ 69-2=

❸ 24-3=

❹ 26-3=

❺ 38-3=

❻ 89-6=

❼ 78-4=

❽ 28-4=

❾ 79-5=

❿ 35-3=

⓫ 66-1=

⓬ 57-4=

⓭ 87-3=

⓮ 78-2=

⓯ 46-5=

⓰ 59-3=

⓱ 49-4=

⓲ 58-6=

⓳ 88-6=

⓴ 95-4=

재미있게 공부하는 문장 수학 논술 문제

5. 덕희는 노트 19권을 가지고 있다가 동생 덕자에게 주고 7권이 남았습니다. 덕희가 동생 덕자에게 준 노트는 몇 권일까요?

공부한 날 월 일

다음 뺄셈을 하시오.

❶ 79-5=

❷ 88-4=

❸ 27-3=

❹ 68-2=

❺ 35-2=

❻ 99-4=

❼ 48-3=

❽ 58-5=

❾ 29-3=

❿ 38-2=

⓫ 28-4=

⓬ 46-2=

⓭ 17-4=

⓮ 69-6=

⓯ 57-1=

⓰ 98-4=

⓱ 68-6=

⓲ 88-6=

⓳ 58-5=

⓴ 78-7=

식을 세워 보자! ______

정답 : ( ) 권

■ 다음 뺄셈을 하시오.

❶ 89-3=

❷ 55-1=

❸ 99-3=

❹ 27-3=

❺ 48-5=

❻ 76-3=

❼ 39-4=

❽ 67-2=

❾ 98-3=

❿ 37-6=

⓫ 88-2=

⓬ 39-7=

⓭ 78-4=

⓮ 47-4=

⓯ 59-5=

⓰ 77-5=

⓱ 59-2=

⓲ 47-5=

⓳ 67-7=

⓴ 88-4=

재미있게 공부하는 문장 수학 논술 문제	6. 어린이집에 어린이 45명이 놀고 있습니다. 그런데 어린이 3명이 집으로 갔습니다. 어린이집에 남은 어린이는 몇 명일까요?

공부한 날 월 일

다음 뺄셈을 하시오.

❶ 55-3=

❷ 28-6=

❸ 35-2=

❹ 48-4=

❺ 94-1=

❻ 87-2=

❼ 48-3=

❽ 98-2=

❾ 16-2=

❿ 69-5=

⓫ 88-4=

⓬ 18-6=

⓭ 49-2=

⓮ 58-3=

⓯ 78-1=

⓰ 29-3=

⓱ 68-5=

⓲ 38-7=

⓳ 57-3=

⓴ 78-2=

식을 세워 보자! ____________________

정답 : ( ) 명

07-05

받아내림이 없는

두 자리 수 – 한 자리 수

■ 다음 뺄셈을 하시오.

❶ 78-7=

❷ 48-2=

❸ 59-4=

❹ 36-2=

❺ 89-3=

❻ 38-4=

❼ 14-2=

❽ 89-4=

❾ 46-2=

❿ 67-4=

⓫ 28-2=

⓬ 58-5=

⓭ 29-2=

⓮ 98-2=

⓯ 69-5=

⓰ 48-8=

⓱ 19-3=

⓲ 86-3=

⓳ 96-1=

⓴ 38-3=

재미있게 공부하는 문장 수학 논술 문제

7. 용준이는 사과나무에서 사과 37개를 땄고, 용호는 용준이 보다 6개를 적게 땄습니다. 그렇다면 용호가 딴 사과는 몇 개일까요?

공부한 날 월 일

다음 뺄셈을 하시오.

❶ 69-6=

❷ 58-4=

❸ 49-3=

❹ 58-2=

❺ 39-7=

❻ 39-4=

❼ 29-3=

❽ 85-2=

❾ 77-4=

❿ 68-5=

⓫ 17-3=

⓬ 29-6=

⓭ 88-3=

⓮ 49-4=

⓯ 99-5=

⓰ 78-5=

⓱ 88-2=

⓲ 49-6=

⓳ 27-1=

⓴ 96-2=

식을 세워 보자! ____________________

정답 : (   ) 개

다음 뺄셈을 하시오.

❶ 69-5=

❷ 27-3=

❸ 78-5=

❹ 49-3=

❺ 36-2=

❻ 16-3=

❼ 99-2=

❽ 49-5=

❾ 48-2=

❿ 29-6=

⓫ 79-2=

⓬ 87-2=

⓭ 29-4=

⓮ 75-1=

⓯ 57-5=

⓰ 79-5=

⓱ 98-4=

⓲ 35-2=

⓳ 19-6=

⓴ 69-2=

재미있게 공부하는 문장 수학 논술 문제

8. 철수네 화단에 꽃이 18송이가 피었습니다. 그런데 3송이가 시들어 버렸습니다. 화단에 남아있는 꽃은 몇 송이 일까요?

공부한 날 월 일

다음 뺄셈을 하시오.

❶ 29-2=

❷ 89-5=

❸ 26-2=

❹ 64-1=

❺ 97-2=

❻ 55-3=

❼ 38-7=

❽ 49-2=

❾ 29-5=

❿ 39-4=

⓫ 69-3=

⓬ 58-1=

⓭ 17-3=

⓮ 28-2=

⓯ 48-3=

⓰ 58-3=

⓱ 88-4=

⓲ 95-2=

⓳ 79-6=

⓴ 47-4=

식을 세워 보자! ______________________

정답 : (   ) 송이

성취도 테스트 문제

다음 뺄셈을 하시오.

❶ $59-3=$

❷ $49-4=$

❸ $58-6=$

❹ $89-7=$

❺ $95-4=$

❻ $98-4=$

❼ $68-6=$

❽ $88-6=$

❾ $58-5=$

❿ $78-7=$

⓫ $77-5=$

⓬ $59-2=$

⓭ $47-5=$

⓮ $67-7=$

⓯ $88-4=$

⓰ $29-3=$

⓱ $68-5=$

⓲ $38-7=$

⓳ $57-3=$

⓴ $78-2=$

㉑ $48-8=$

㉒ $19-3=$

★ 앞장을 마친 후 실시해 주십시오.

공부한 날 월 일

㉓ 86-3=

㉔ 96-1=

㉕ 38-3=

㉖ 78-5=

㉗ 88-2=

㉘ 49-6=

㉙ 27-1=

㉚ 96-2=

테스트 결과표

성취도 테스트 문제는 앞 장의 공부가 끝나고 얼마나 정확하고 빠르게 습득했는지를 알아보기 위한 확인과정의 테스트입니다.
아이가 무엇을 이해 못하는지 어느 부분에서 실수를 하는지 보완하고 잡아주기 위한 자료로 활용하시면 아이에게 큰 도움이 될 것입니다.

정답수	30문제	25문제	20문제	20문제 이하
성취도	**아주 잘함**	**잘함**	**보통**	**부족함**

※ 정답은 뒷장에 있습니다.

08단계 지·도·내·용

10이 되는 덧셈과 10에서 빼는 뺄셈

지도 내용
• 두 수의 합이 10이 되는 더하기와 10에서 빼기를 정확히 이해할 수 있도록 합니다.

풀이 내용
• 두 수의 합이 10이 되는 더하기와 10에서 빼기는 십의 보수 개념과 십진법에 대한 이해를 도와 줍니다.

$6 + 4 = 10$

$6 + \square = 10$ $4 + \square = 10$

• 6에 □를 더해서 10이 되는 수를 알아보고,
• 4에 □를 더해서 10이 되는 수를 알아봅니다.
10에 대한 6의 보수와 10에 대한 4의 보수를 생각합니다.

$10 - 3 = 7$

$10 - \square = 7$ $10 - \square = 3$

• 10에서 □를 빼면 7이 되는 수를 알아보고,
• 10에서 □를 빼면 3이 되는 수를 알아봅니다.
10에 대한 3의 보수와 7의 보수를 생각합니다.

7단계 성취도문제 정답

❶ 56 ❷ 45 ❸ 52 ❹ 82 ❺ 91 ❻ 94 ❼ 62 ❽ 82 ❾ 53 ❿ 71 ⓫ 72 ⓬ 57 ⓭ 42 ⓮ 60 ⓯ 84
⓰ 26 ⓱ 63 ⓲ 31 ⓳ 54 ⓴ 76 ㉑ 40 ㉒ 16 ㉓ 83 ㉔ 95 ㉕ 35 ㉖ 73 ㉗ 86 ㉘ 43 ㉙ 26 ㉚ 94

7단계 문장 수학 논술 문제 정답

5.식 19−7=12 답 12
6.식 45−3=42 답 42
7.식 37−6=31 답 31
8.식 18−3=15 답 15

10이 되는 덧셈과 10에서 빼는 뺄셈

08단계

기 | 초 | 편

08단계 종합 성적

참 잘했어요!	잘했어요!	열심히 했어요!

틀린 개수 0~2개	틀린 개수 3~5개	틀린 개수 6개 이상

학습 일정 관리표

	정답수	오답수	공부한 날	확 인
08-01호				
08-02호				
08-03호				
08-04호				
08-05호				
08-06호				
08-07호				
08-08호				

- 엄마와 함께 공부하면서 아이가 직접 써 나가도록 지도해 주세요.
- 틀린 개수를 확인하고 왜 틀렸는지 다시 한번 내용을 확인해 주세요.

10이 되는 덧셈과 10에서 빼는 뺄셈

□ 안에 알맞은 수를 넣으시오.

❶ □ + 3 = 10

❷ 7 + □ = 10

❸ 10 - 5 = □

❹ □ + 4 = 10

❺ 10 - □ = 4

❻ □ + 1 = 10

❼ 10 - □ = 4

❽ 10 - □ = 2

❾ □ + 3 = 10

❿ 10 - □ = 2

⓫ 10 - □ = 8

⓬ 10 - 6 = □

⓭ 2 + □ = 10

⓮ 8 + □ = 10

⓯ □ + 2 = 10

⓰ 10 - 4 = □

⓱ 9 + □ = 10

⓲ □ + 6 = 10

⓳ 10 - □ = 3

⓴ 5 + □ = 10

재미있게 공부하는 문장 수학 논술 문제

9. 예진이는 8살이고 오빠가 2살이 더 많다면 오빠의 나이는 몇 살일까요?

공부한 날 월 일

■ □ 안에 알맞은 수를 넣으시오.

❶ 10-□=8

❷ □+4=10

❸ □+1=10

❹ 4+□=10

❺ 10-3=□

❻ 8+□=10

❼ 10-□=3

❽ □+6=10

❾ 10-7=□

❿ 7+□=10

⓫ 2+□=10

⓬ 3+□=10

⓭ □+5=10

⓮ 10-□=2

⓯ □+8=10

⓰ 10-□=9

⓱ □+4=10

⓲ 10-□=7

⓳ 6+□=10

⓴ 10-□=4

식을 세워 보자! ______________________

정답 : ( ) 살

■ □ 안에 알맞은 수를 넣으시오.

❶ □ + 3 = 10

❷ □ + 4 = 10

❸ 10 - 6 = □

❹ 10 - □ = 9

❺ 10 - □ = 4

❻ □ + 8 = 10

❼ 7 + □ = 10

❽ 1 + □ = 10

❾ 10 - □ = 3

❿ □ + 2 = 10

⓫ 10 - □ = 8

⓬ □ + 5 = 10

⓭ 4 + □ = 10

⓮ 8 + □ = 10

⓯ 6 + □ = 10

⓰ 10 - □ = 7

⓱ 10 - □ = 2

⓲ □ + 6 = 10

⓳ 5 + □ = 10

⓴ 10 - □ = 5

재미있게 공부하는 문장 수학 논술 문제

10. 효리는 동화책 10권이 있습니다. 그 중에서 효리는 4권을 읽었습니다. 읽지않은 동화책은 몇 권일까요?

공부한 날 월 일

■ □ 안에 알맞은 수를 넣으시오.

❶ 10 - □ = 8

❷ 7 + □ = 10

❸ 10 - 6 = □

❹ □ + 6 = 10

❺ 10 - 7 = □

❻ □ + 2 = 10

❼ 10 - □ = 4

❽ □ + 9 = 10

❾ 10 - □ = 4

❿ 4 + □ = 10

⓫ □ + 3 = 10

⓬ □ + 5 = 10

⓭ 6 + □ = 10

⓮ 10 - □ = 5

⓯ □ + 8 = 10

⓰ 3 + □ = 10

⓱ 8 + □ = 10

⓲ 10 - □ = 7

⓳ 5 + □ = 10

⓴ 10 - □ = 3

식을 세워 보자! ______________________

정답 : (   ) 권

■ □ 안에 알맞은 수를 넣으시오.

❶ □+2=10

❷ 10-□=3

❸ □+9=10

❹ 10-□=4

❺ 2+□=10

❻ 3+□=10

❼ 8+□=10

❽ 10-□=9

❾ 5+□=10

❿ 10-□=5

⓫ 10-□=2

⓬ □+4=10

⓭ 10-□=6

⓮ 7+□=10

⓯ □+8=10

⓰ □+3=10

⓱ □+5=10

⓲ 4+□=10

⓳ 10-□=7

⓴ □+6=10

재미있게 공부하는 문장 수학 논술 문제

11. 식목일 아침 때 학교 화단 뒤에 서 있던 나무 10그루 중 8그루를 교실 뒤편 쓰레기장 옆으로 옮겨 심었습니다. 화단 뒤에 남아 있는 나무는 몇 그루일까요?

공부한 날 월 일

□ 안에 알맞은 수를 넣으시오.

❶ $5+\square=10$

❷ $10-\square=6$

❸ $\square+7=10$

❹ $3+\square=10$

❺ $10-\square=7$

❻ $8+\square=10$

❼ $7+\square=10$

❽ $10-\square=3$

❾ $\square+6=10$

❿ $10-\square=8$

⓫ $\square+3=10$

⓬ $10-4=\square$

⓭ $2+\square=10$

⓮ $10-\square=2$

⓯ $\square+4=10$

⓰ $10-\square=4$

⓱ $\square+8=10$

⓲ $10-2=\square$

⓳ $4+\square=10$

⓴ $\square+5=10$

식을 세워 보자! ______

정답 : ( ) 그루

10이 되는 덧셈과 10에서 빼는 뺄셈

□ 안에 알맞은 수를 넣으시오.

❶ $10-\square=3$

❷ $\square+4=10$

❸ $10-\square=4$

❹ $10-6=\square$

❺ $5+\square=10$

❻ $10-2=\square$

❼ $10-\square=8$

❽ $\square+6=10$

❾ $10-\square=7$

❿ $\square+2=10$

⓫ $2+\square=10$

⓬ $10-\square=6$

⓭ $4+\square=10$

⓮ $\square+5=10$

⓯ $10-\square=3$

⓰ $\square+8=10$

⓱ $2+\square=10$

⓲ $10-\square=9$

⓳ $\square+7=10$

⓴ $9+\square=10$

재미있게 공부하는 문장 수학 논술 문제	12. 학교실내체육관에 1학년 여학생 10명이 운동을 하고 있습니다. 그 중에서 5명이 교실로 들어갔습니다. 체육관에 남아 있는 학생은 모두 몇 명일까요?

공부한 날 월 일

■ □ 안에 알맞은 수를 넣으시오.

❶ 10 - □ = 6

❷ 4 + □ = 10

❸ 10 - □ = 9

❹ 10 - 3 = □

❺ □ + 7 = 10

❻ 10 - □ = 5

❼ □ + 3 = 10

❽ 6 + □ = 10

❾ 10 - 7 = □

❿ □ + 8 = 10

⓫ □ + 5 = 10

⓬ 10 - □ = 4

⓭ □ + 6 = 10

⓮ 5 + □ = 10

⓯ 10 - □ = 3

⓰ 2 + □ = 10

⓱ 10 - □ = 8

⓲ □ + 4 = 10

⓳ 9 + □ = 10

⓴ 10 - □ = 7

식을 세워 보자! ______________________

정답 : (   ) 명

성취도 테스트 문제

□ 안에 알맞은 수를 넣으시오.

❶ 10-□=5

❷ 10-6=□

❸ 1+□=10

❹ 8+□=10

❺ □+2=10

❻ 10-4=□

❼ 9+□=10

❽ 8+□=10

❾ 10-□=3

❿ 6+□=10

⓫ 2+□=10

⓬ 3+□=10

⓭ □+5=10

⓮ 10-□=6

⓯ □+8=10

⓰ 10-□=9

⓱ □+4=10

⓲ 10-□=4

⓳ □+8=10

⓴ 10-□=4

㉑ 10-□=8

㉒ □+3=10

공부한 날 월 일

㉓ $4+\square=10$

㉔ $5+\square=10$

㉕ $6+\square=10$

㉖ $10-\square=7$

㉗ $10-\square=2$

㉘ $\square+6=10$

㉙ $3+\square=10$

㉚ $9+\square=10$

테스트 결과표

성취도 테스트 문제는 앞 장의 공부가 끝나고 얼마나 정확하고 빠르게 습득했는지를 알아보기 위한 확인과정의 테스트입니다.
아이가 무엇을 이해 못하는지 어느 부분에서 실수를 하는지 보완하고 잡아주기 위한 자료로 활용하시면 아이에게 큰 도움이 될 것입니다.

정답수	30문제	25문제	20문제	20문제 이하
성취도	**아주 잘함**	**잘함**	**보통**	**부족함**

※ 정답은 뒷장에 있습니다.

09단계 지·도·내·용

받아올림이 있는

한 자리 수 + 한 자리 수

지도 내용
- 받아올림이 있는 덧셈을 잘 하기 위해 10이 되는 보수를 익혀 두도록 합니다.

풀이 내용
- 일의 자리 수끼리 더해서 10이 되면 십의 자리에 1을 '받아올림' 합니다.
- 10이 되기 위한 6의 보수를 먼저 생각하고, '9' 가르기를 합니다.

$$6 + 9 = \square$$
$$6 + (4 + 5) = \square$$

- 6에 4를 더하면 10이 되므로 더하는 수 9를 4와 5로 가른 후 계산합니다.
- 뒤의 수 9를 4와 5로 가릅니다.

$$10 + 5 = 15$$

- 6과 4를 더한 수 10에 5를 더하면 15가 됩니다.

8단계 성취도문제 정답

❶5 ❷4 ❸9 ❹2 ❺8 ❻6 ❼1 ❽2 ❾7 ❿4 ⓫8 ⓬7 ⓭5 ⓮4 ⓯2
⓰1 ⓱6 ⓲6 ⓳2 ⓴6 ㉑2 ㉒7 ㉓6 ㉔5 ㉕4 ㉖3 ㉗8 ㉘4 ㉙7 ㉚1

8단계 문장 수학 논술 문제 정답

9.식 8+2=10 답 10
10.식 10−4=6 답 6
11.식 10−8=2 답 2
12.식 10−5=5 답 5

받아올림이 있는

한 자리 수 + 한 자리 수

09단계

기 | 초 | 편

09단계 종합 성적

참 잘했어요!	잘했어요!	열심히 했어요!

틀린 개수 0~2개	틀린 개수 3~5개	틀린 개수 6개 이상

● 학습 일정 관리표 ●

	정답수	오답수	공부한 날	확 인
09-01호				
09-02호				
09-03호				
09-04호				
09-05호				
09-06호				
09-07호				
09-08호				

- 엄마와 함께 공부하면서 아이가 직접 써 나가도록 지도해 주세요.
- 틀린 개수를 확인하고 왜 틀렸는지 다시 한번 내용을 확인해 주세요.

받아올림이 있는

한 자리 수 + 한 자리 수

■ 다음 덧셈을 하시오.

❶ $7+3=$

❷ $4+8=$

❸ $9+7=$

❹ $5+8=$

❺ $7+7=$

❻ $6+8=$

❼ $6+9=$

❽ $7+8=$

❾ $8+9=$

❿ $4+9=$

⓫ $6+6=$

⓬ $9+4=$

⓭ $7+6=$

⓮ $4+6=$

⓯ $3+9=$

⓰ $8+8=$

⓱ $9+6=$

⓲ $7+9=$

⓳ $9+9=$

⓴ $8+5=$

재미있게 공부하는 문장 수학 논술 문제	13. 진아는 지금 색종이 5장을 가지고 있습니다. 어제 6장을 친구에게 빌렸습니다. 그렇다면 진아가 가지고 있는 색종이는 모두 몇 장일까요?

공부한 날 월 일

다음 덧셈을 하시오.

❶ $9+4=$

❷ $9+8=$

❸ $7+4=$

❹ $4+9=$

❺ $6+8=$

❻ $7+9=$

❼ $7+7=$

❽ $5+9=$

❾ $7+5=$

❿ $9+9=$

⓫ $8+6=$

⓬ $6+7=$

⓭ $3+9=$

⓮ $9+7=$

⓯ $8+5=$

⓰ $7+3=$

⓱ $5+8=$

⓲ $3+8=$

⓳ $9+2=$

⓴ $9+6=$

식을 세워 보자! ______________________

정답 : (   ) 장

■ 다음 덧셈을 하시오.

❶ $9+6=$

❷ $8+4=$

❸ $7+6=$

❹ $9+8=$

❺ $3+9=$

❻ $8+7=$

❼ $7+9=$

❽ $8+5=$

❾ $9+4=$

❿ $8+8=$

⓫ $6+9=$

⓬ $8+6=$

⓭ $5+7=$

⓮ $6+7=$

⓯ $9+5=$

⓰ $8+9=$

⓱ $6+8=$

⓲ $7+8=$

⓳ $9+7=$

⓴ $4+8=$

재미있게 공부하는 문장 수학 논술 문제

14. 영수의 나이는 7살이고 동생의 나이는 6살이라면 영수와 동생의 나이의 합은 몇 살 일까요?

공부한 날 월 일

다음 덧셈을 하시오.

❶ $9+6=$

❷ $6+9=$

❸ $6+7=$

❹ $5+7=$

❺ $9+8=$

❻ $7+7=$

❼ $6+6=$

❽ $7+4=$

❾ $3+9=$

❿ $6+8=$

⓫ $5+9=$

⓬ $8+7=$

⓭ $7+8=$

⓮ $9+3=$

⓯ $7+6=$

⓰ $8+4=$

⓱ $5+8=$

⓲ $8+5=$

⓳ $8+8=$

⓴ $4+8=$

식을 세워 보자! ______________________

정답 : (　　　　　　　　) 살

■ 다음 덧셈을 하시오.

❶ $3+9=$

❷ $7+7=$

❸ $6+7=$

❹ $9+8=$

❺ $6+5=$

❻ $7+5=$

❼ $9+3=$

❽ $8+6=$

❾ $6+9=$

❿ $8+8=$

⓫ $9+6=$

⓬ $7+9=$

⓭ $8+4=$

⓮ $6+6=$

⓯ $7+6=$

⓰ $4+9=$

⓱ $8+7=$

⓲ $7+8=$

⓳ $8+3=$

⓴ $9+7=$

재미있게 공부하는 문장 수학 논술 문제

15. 수영이는 계단을 4개 올라간 후 가위, 바위, 보를 하여 이기면 7 계단을 더 올라갈 수 있습니다. 만약에 수영이가 이겼다면 모두 몇 개의 계단을 올라갈 수 있을까요?

공부한 날 월 일

다음 덧셈을 하시오.

❶ $8+7=$

❷ $9+4=$

❸ $8+5=$

❹ $5+7=$

❺ $4+8=$

❻ $8+9=$

❼ $6+7=$

❽ $9+8=$

❾ $8+6=$

❿ $5+8=$

⓫ $7+9=$

⓬ $5+9=$

⓭ $3+9=$

⓮ $6+6=$

⓯ $8+7=$

⓰ $9+9=$

⓱ $9+5=$

⓲ $7+6=$

⓳ $9+2=$

⓴ $4+9=$

식을 세워 보자! ______________________

정답 : (   ) 계단

■ 다음 덧셈을 하시오.

❶ $3+9=$

❷ $5+7=$

❸ $8+4=$

❹ $9+6=$

❺ $8+5=$

❻ $6+8=$

❼ $7+5=$

❽ $9+5=$

❾ $9+7=$

❿ $5+9=$

⓫ $7+6=$

⓬ $9+9=$

⓭ $7+9=$

⓮ $8+8=$

⓯ $9+4=$

⓰ $7+7=$

⓱ $6+6=$

⓲ $5+8=$

⓳ $8+3=$

⓴ $7+8=$

재미있게 공부하는 문장 수학 논술 문제

16. 버스 주차장에 버스가 9대 있습니다. 운행을 나갔던 버스 3대가 들어왔습니다. 그렇다면 주차장에 있는 버스는 총 몇 대 일까요?

공부한 날 월 일

다음 덧셈을 하시오.

❶ $8+2=$

❷ $4+9=$

❸ $5+8=$

❹ $8+4=$

❺ $9+8=$

❻ $6+9=$

❼ $9+4=$

❽ $7+5=$

❾ $5+9=$

❿ $9+3=$

⓫ $4+8=$

⓬ $6+8=$

⓭ $8+6=$

⓮ $9+9=$

⓯ $8+8=$

⓰ $8+9=$

⓱ $5+7=$

⓲ $7+8=$

⓳ $6+6=$

⓴ $9+7=$

식을 세워 보자! ______________________

정답 : ( ) 대

성취도 테스트 문제

■ 다음 덧셈을 하시오.

❶ $5+7=$

❷ $9+5=$

❸ $8+7=$

❹ $7+8=$

❺ $8+9=$

❻ $4+9=$

❼ $6+6=$

❽ $9+4=$

❾ $7+6=$

❿ $5+8=$

⓫ $6+9=$

⓬ $8+8=$

⓭ $9+6=$

⓮ $7+4=$

⓯ $9+9=$

⓰ $8+5=$

⓱ $6+8=$

⓲ $7+9=$

⓳ $7+7=$

⓴ $4+6=$

㉑ $7+5=$

㉒ $9+9=$

★ 앞장을 마친 후 실시해 주십시오.

공부한 날 월 일

㉓ $8+6=$

㉔ $6+7=$

㉕ $3+9=$

㉖ $9+7=$

㉗ $7+6=$

㉘ $7+3=$

㉙ $5+5=$

㉚ $5+9=$

테스트 결과표

성취도 테스트 문제는 앞 장의 공부가 끝나고 얼마나 정확하고 빠르게 습득했는지를 알아보기 위한 확인과정의 테스트입니다.
아이가 무엇을 이해 못하는지 어느 부분에서 실수를 하는지 보완하고 잡아주기 위한 자료로 활용하시면 아이에게 큰 도움이 될 것입니다.

정답수	30문제	25문제	20문제	20문제 이하
성취도	**아주 잘함**	**잘함**	**보통**	**부족함**

※ 정답은 뒷장에 있습니다.

10단계 지·도·내·용

받아내림이 있는

십몇 − 몇

지도 내용

- 받아내림이 있는 뺄셈을 잘 하기 위해 10에서 빼는 뺄셈을 능숙하게 익혀 두도록 합니다.
- 덧셈보다 뺄셈을 더 어렵게 생각할 수 있으니 10의 보수를 정확히 이해하도록 합니다.

풀이 내용

- 결합법칙 : $(6 + 4) + 3 = 6 + (4 + 3)$
- 역 연 산 : $5 + 7 = 12$ $7 + 5 = 12$

  $12 - 5 = 7$ $12 - 7 = 5$

- 덧 · 뺄셈의 역연산 관계 및 결합 법칙을 활용할 수 있도록 합니다.

9단계 성취도문제 정답	
	❶12 ❷14 ❸15 ❹15 ❺17 ❻13 ❼12 ❽13 ❾13 ❿13 ⓫15 ⓬16 ⓭15 ⓮11 ⓯18
	⓰13 ⓱14 ⓲16 ⓳14 ⓴10 ㉑12 ㉒18 ㉓14 ㉔13 ㉕12 ㉖16 ㉗13 ㉘10 ㉙10 ㉚14

9단계 문장 수학 논술 문제 정답				
	13.식 5+6=11 답 11	14.식 7+6=13 답 13	15.식 4+7=11 답 11	16.식 9+3=12 답 12

십몇 – 몇

10단계

기 | 초 | 편

10단계 종합 성적

참 잘했어요!	잘했어요!	열심히 했어요!

틀린 개수 0~2개	틀린 개수 3~5개	틀린 개수 6개 이상

● 학습 일정 관리표 ●

	정답수	오답수	공부한 날	확 인
10-01호				
10-02호				
10-03호				
10-04호				
10-05호				
10-06호				
10-07호				
10-08호				

- 엄마와 함께 공부하면서 아이가 직접 써 나가도록 지도해 주세요.
- 틀린 개수를 확인하고 왜 틀렸는지 다시 한번 내용을 확인해 주세요.

■ 다음 뺄셈을 하시오.

❶ $13-5=$

❷ $15-9=$

❸ $14-8=$

❹ $12-4=$

❺ $16-8=$

❻ $12-9=$

❼ $18-9=$

❽ $12-6=$

❾ $14-6=$

❿ $12-7=$

⓫ $13-9=$

⓬ $11-6=$

⓭ $13-8=$

⓮ $12-3=$

⓯ $13-7=$

⓰ $17-9=$

⓱ $11-7=$

⓲ $12-8=$

⓳ $16-9=$

⓴ $14-7=$

재미있게 공부하는 문장 수학 논술 문제

17. 호수에 오리가 17마리 있었습니다. 얼마 후 오리 3마리가 다른곳으로 갔습니다. 호수에 있는 오리는 몇 마리일까요?

공부한 날 월 일

다음 뺄셈을 하시오.

❶ $18-9=$

❷ $15-6=$

❸ $14-8=$

❹ $17-9=$

❺ $12-7=$

❻ $15-9=$

❼ $12-4=$

❽ $13-6=$

❾ $13-5=$

❿ $11-9=$

⓫ $17-8=$

⓬ $15-7=$

⓭ $12-6=$

⓮ $14-9=$

⓯ $11-3=$

⓰ $11-2=$

⓱ $14-6=$

⓲ $16-8=$

⓳ $12-8=$

⓴ $16-7=$

식을 세워 보자! ______

정답 : ( ) 마리

다음 뺄셈을 하시오.

❶ 11-7=

❷ 12-3=

❸ 14-8=

❹ 13-9=

❺ 13-6=

❻ 15-7=

❼ 13-8=

❽ 14-7=

❾ 15-9=

❿ 16-9=

⓫ 12-7=

⓬ 17-9=

⓭ 12-8=

⓮ 14-5=

⓯ 13-7=

⓰ 14-6=

⓱ 15-6=

⓲ 11-8=

⓳ 12-6=

⓴ 18-9=

재미있게 공부 하는 문장 수학 논술 문제

18. 서영이네 집 화분에 진달래 꽃 17송이가 피었습니다. 그런데 다음 날 진달래꽃 8송이가 떨어졌습니다. 화분에 남아있는 진달래꽃은 몇 송이 일까요?

공부한 날 월 일

■ 다음 뺄셈을 하시오.

❶ 12-8=

❷ 14-6=

❸ 15-9=

❹ 14-5=

❺ 16-7=

❻ 17-8=

❼ 13-9=

❽ 12-5=

❾ 16-8=

❿ 11-6=

⓫ 12-9=

⓬ 13-7=

⓭ 15-6=

⓮ 14-9=

⓯ 13-4=

⓰ 15-7=

⓱ 11-9=

⓲ 13-7=

⓳ 14-8=

⓴ 17-9=

식을 세워 보자! ______________________________

정답 : (   ) 송이

■ 다음 뺄셈을 하시오.

❶ 13-9=

❷ 14-7=

❸ 17-8=

❹ 17-9=

❺ 13-5=

❻ 13-7=

❼ 13-4=

❽ 12-4=

❾ 13-6=

❿ 14-6=

⓫ 15-6=

⓬ 14-8=

⓭ 12-8=

⓮ 16-7=

⓯ 16-9=

⓰ 12-6=

⓱ 15-8=

⓲ 12-5=

⓳ 11-2=

⓴ 15-9=

재미있게 공부하는 문장 수학 논술 문제

19. 찬호는 15자루의 연필을 가지고 있습니다. 그중에서 동생에게 7자루를 주었습니다. 찬호에게 남아있는 연필은 몇 자루 일까요?

공부한 날 　월 　일

■ 다음 뺄셈을 하시오.

❶ 13-5=

❷ 12-6=

❸ 11-5=

❹ 14-6=

❺ 15-7=

❻ 13-4=

❼ 16-9=

❽ 13-9=

❾ 12-7=

❿ 12-4=

⓫ 15-9=

⓬ 16-8=

⓭ 17-9=

⓮ 11-3=

⓯ 11-7=

⓰ 16-7=

⓱ 10-2=

⓲ 12-8=

⓳ 14-5=

⓴ 13-7=

식을 세워 보자! ______________________

정답 : (　　　　　　) 자루

10-07

받아내림이 있는

십 몇 - 몇

■ 다음 뺄셈을 하시오.

❶ $12-5=$

❷ $15-8=$

❸ $14-6=$

❹ $15-9=$

❺ $13-7=$

❻ $12-3=$

❼ $14-7=$

❽ $17-9=$

❾ $12-9=$

❿ $15-7=$

⓫ $12-6=$

⓬ $14-5=$

⓭ $16-8=$

⓮ $12-4=$

⓯ $16-9=$

⓰ $12-7=$

⓱ $14-8=$

⓲ $13-9=$

⓳ $13-5=$

⓴ $11-4=$

재미있게 공부하는 문장 수학 논술 문제

20. 영희는 16권의 동화책 중에서 7권을 읽었습니다.
영희가 읽지 않은 동화책은 몇 권 일까요?

공부한 날 월 일

■ 다음 뺄셈을 하시오.

❶ $13-9=$

❷ $13-4=$

❸ $12-7=$

❹ $13-6=$

❺ $15-9=$

❻ $12-3=$

❼ $15-6=$

❽ $14-7=$

❾ $12-9=$

❿ $15-7=$

⓫ $13-5=$

⓬ $17-9=$

⓭ $14-6=$

⓮ $11-3=$

⓯ $15-8=$

⓰ $16-9=$

⓱ $14-9=$

⓲ $12-8=$

⓳ $16-8=$

⓴ $12-4=$

식을 세워 보자! ____________________

정답 : ( ) 권

성취도 테스트 문제

다음 뺄셈을 하시오.

❶ $14-8=$

❷ $12-9=$

❸ $18-9=$

❹ $11-5=$

❺ $17-9=$

❻ $15-8=$

❼ $13-9=$

❽ $11-6=$

❾ $13-8=$

❿ $12-3=$

⓫ $13-7=$

⓬ $11-8=$

⓭ $11-7=$

⓮ $12-8=$

⓯ $12-4=$

⓰ $14-7=$

⓱ $12-7=$

⓲ $15-9=$

⓳ $12-4=$

⓴ $13-6=$

㉑ $13-5=$

㉒ $11-9=$

★ 앞장을 마친 후 실시해 주십시오.

공부한 날 월 일

㉓ 17-8=

㉔ 15-7=

㉕ 12-6=

㉖ 14-9=

㉗ 11-3=

㉘ 11-2=

㉙ 14-6=

㉚ 16-8=

테스트 결과표

성취도 테스트 문제는 앞 장의 공부가 끝나고 얼마나 정확하고 빠르게 습득했는지를 알아보기 위한 확인과정의 테스트입니다.
아이가 무엇을 이해 못하는지 어느 부분에서 실수를 하는지 보완하고 잡아주기 위한 자료로 활용하시면 아이에게 큰 도움이 될 것입니다.

정답수	30문제	25문제	20문제	20문제 이하
성취도	**아주 잘함**	**잘함**	**보통**	**부족함**

10단계 성취도문제 정답

❶6 ❷3 ❸9 ❹6 ❺8 ❻7 ❼4 ❽5 ❾5 ❿9 ⓫6 ⓬3 ⓭4 ⓮4 ⓯8
⓰7 ⓱5 ⓲6 ⓳8 ⓴7 ㉑8 ㉒2 ㉓9 ㉔8 ㉕6 ㉖5 ㉗8 ㉘9 ㉙8 ㉚8

10단계 문장 수학 논술 문제 정답

17.식 17−3=14 답 14
18.식 17−8=9 답 9
19.식 15−7=8 답 8
20.식 16−7=9 답 9

01 | 종합문제

■ 다음 문제를 계산 하시오.

❶ 81+6=

❷ 59-3=

❸ 65+4=

❹ 8+5=

❺ □+1=10

❻ 52+7=

❼ 62+6=

❽ 18-2=

❾ 68-2=

❿ 88-6=

⓫ □+3=10

⓬ 10-□=4

⓭ 7+7=

⓮ 4+9=

⓯ 5+8=

⓰ 13-5=

⓱ 10-□=4

⓲ 11-7=

⓳ 15-9=

⓴ 12-8=

02 | 종합문제

■ 다음 문제를 계산 하시오.

❶ 14-7=

❷ 8+2=

❸ 58-3=

❹ □+8=10

❺ 13-4=

❻ 9+4=

❼ □+7=10

❽ 18-9=

❾ 6+9=

❿ 5+5=

⓫ 2+□=10

⓬ 19-6=

⓭ 10-□=3

⓮ 49-2=

⓯ 41+8=

⓰ 69-5=

⓱ 52+3=

⓲ 14-6=

⓳ 36+2=

⓴ 77+2=

03 | 종합문제

■ 다음 문제를 계산 하시오.

❶ $81+2=$

❷ $5+\square=10$

❸ $37+1=$

❹ $47-5=$

❺ $12-5=$

❻ $22+4=$

❼ $55-1=$

❽ $98-2=$

❾ $29-3=$

❿ $\square+4=10$

⓫ $\square+6=10$

⓬ $9+6=$

⓭ $16-9=$

⓮ $8+8=$

⓯ $14-8=$

⓰ $6+6=$

⓱ $\square+2=10$

⓲ $66+3=$

⓳ $4+8=$

⓴ $10-2=$

04 | 종합문제

■ 다음 문제를 계산 하시오.

❶ $23+6=$

❷ $96-1=$

❸ $75+3=$

❹ $3+\square=10$

❺ $46+2=$

❻ $33+4=$

❼ $78-7=$

❽ $9+2=$

❾ $39-4=$

❿ $99-5=$

⓫ $4+\square=10$

⓬ $15-9=$

⓭ $8+\square=10$

⓮ $17-9=$

⓯ $6+7=$

⓰ $7+8=$

⓱ $5+7=$

⓲ $12-6=$

⓳ $\square+5=10$

⓴ $13-7=$

A-2
초등수학 계산법

초등수학 수준별 능력별 계산법 프로그램

자연수의 덧셈과 뺄셈

기초편

정답

A-2 초등수학 계산법

06단계 정답

기초편 01

①86 ②87 ③94 ④28 ⑤89
⑥88 ⑦67 ⑧54 ⑨76 ⑩25
⑪56 ⑫67 ⑬37 ⑭49 ⑮39
⑯69 ⑰39 ⑱78 ⑲86 ⑳48

기초편 02

①88 ②29 ③63 ④47 ⑤38
⑥59 ⑦49 ⑧95 ⑨76 ⑩24
⑪89 ⑫85 ⑬39 ⑭87 ⑮76
⑯89 ⑰37 ⑱68 ⑲28 ⑳96

기초편 03

①88 ②48 ③77 ④29 ⑤58
⑥65 ⑦59 ⑧74 ⑨87 ⑩36
⑪86 ⑫64 ⑬99 ⑭36 ⑮49
⑯49 ⑰97 ⑱55 ⑲78 ⑳57

기초편 04

①68 ②76 ③53 ④48 ⑤95
⑥49 ⑦27 ⑧89 ⑨96 ⑩86
⑪74 ⑫37 ⑬92 ⑭47 ⑮59
⑯97 ⑰89 ⑱68 ⑲87 ⑳47

기초편 05

①39 ②58 ③95 ④64 ⑤99
⑥77 ⑦83 ⑧97 ⑨46 ⑩25
⑪86 ⑫56 ⑬37 ⑭73 ⑮77
⑯89 ⑰54 ⑱69 ⑲99 ⑳78

기초편 06

①86 ②67 ③77 ④38 ⑤87
⑥88 ⑦49 ⑧26 ⑨94 ⑩99
⑪88 ⑫79 ⑬57 ⑭49 ⑮95
⑯94 ⑰53 ⑱39 ⑲66 ⑳84

기초편 07

①96 ②86 ③57 ④65 ⑤37
⑥76 ⑦68 ⑧57 ⑨94 ⑩49
⑪55 ⑫37 ⑬85 ⑭89 ⑮69
⑯88 ⑰76 ⑱88 ⑲27 ⑳49

기초편 08

①74 ②29 ③97 ④68 ⑤38
⑥94 ⑦47 ⑧59 ⑨83 ⑩37
⑪88 ⑫79 ⑬77 ⑭28 ⑮35
⑯96 ⑰48 ⑱88 ⑲69 ⑳39

A-2 초등수학 계산법

07단계 정답

기초편 01

❶ 16	❷ 67	❸ 21	❹ 23	❺ 35
❻ 83	❼ 74	❽ 24	❾ 74	❿ 32
⓫ 65	⓬ 53	⓭ 84	⓮ 76	⓯ 41
⓰ 56	⓱ 45	⓲ 52	⓳ 82	⓴ 91

기초편 02

❶ 74	❷ 84	❸ 24	❹ 66	❺ 33
❻ 95	❼ 45	❽ 53	❾ 26	❿ 36
⓫ 24	⓬ 44	⓭ 13	⓮ 63	⓯ 56
⓰ 94	⓱ 62	⓲ 82	⓳ 53	⓴ 71

기초편 03

❶ 86	❷ 54	❸ 96	❹ 24	❺ 43
❻ 73	❼ 35	❽ 65	❾ 95	❿ 31
⓫ 86	⓬ 32	⓭ 74	⓮ 43	⓯ 54
⓰ 72	⓱ 57	⓲ 42	⓳ 60	⓴ 84

기초편 04

❶ 52	❷ 22	❸ 33	❹ 44	❺ 93
❻ 85	❼ 45	❽ 96	❾ 14	❿ 64
⓫ 84	⓬ 12	⓭ 47	⓮ 55	⓯ 77
⓰ 26	⓱ 63	⓲ 31	⓳ 54	⓴ 76

기초편 05

❶ 71	❷ 46	❸ 55	❹ 34	❺ 86
❻ 34	❼ 12	❽ 85	❾ 44	❿ 63
⓫ 26	⓬ 53	⓭ 27	⓮ 96	⓯ 64
⓰ 40	⓱ 16	⓲ 83	⓳ 95	⓴ 35

기초편 06

❶ 63	❷ 54	❸ 46	❹ 56	❺ 32
❻ 35	❼ 26	❽ 83	❾ 73	❿ 63
⓫ 14	⓬ 23	⓭ 85	⓮ 45	⓯ 94
⓰ 73	⓱ 86	⓲ 43	⓳ 26	⓴ 94

기초편 07

❶ 64	❷ 24	❸ 73	❹ 46	❺ 34
❻ 13	❼ 97	❽ 44	❾ 46	❿ 23
⓫ 77	⓬ 85	⓭ 25	⓮ 74	⓯ 52
⓰ 74	⓱ 94	⓲ 33	⓳ 13	⓴ 67

기초편 08

❶ 27	❷ 84	❸ 24	❹ 63	❺ 95
❻ 52	❼ 31	❽ 47	❾ 24	❿ 35
⓫ 66	⓬ 57	⓭ 14	⓮ 26	⓯ 45
⓰ 55	⓱ 84	⓲ 93	⓳ 73	⓴ 43

A-2 초등수학 계산법

08단계 정답

기초편 01
❶7 ❷3 ❸5 ❹6 ❺6
❻9 ❼6 ❽8 ❾7 ❿8
⓫2 ⓬4 ⓭8 ⓮2 ⓯8
⓰6 ⓱1 ⓲4 ⓳7 ⓴5

기초편 02
❶2 ❷6 ❸9 ❹6 ❺7
❻2 ❼7 ❽4 ❾3 ❿3
⓫8 ⓬7 ⓭5 ⓮8 ⓯2
⓰1 ⓱6 ⓲3 ⓳4 ⓴6

기초편 03
❶7 ❷6 ❸4 ❹1 ❺6
❻2 ❼3 ❽9 ❾7 ❿8
⓫2 ⓬5 ⓭6 ⓮2 ⓯4
⓰3 ⓱8 ⓲4 ⓳5 ⓴5

기초편 04
❶2 ❷3 ❸4 ❹4 ❺3
❻8 ❼6 ❽1 ❾6 ❿6
⓫7 ⓬5 ⓭4 ⓮5 ⓯2
⓰7 ⓱2 ⓲3 ⓳5 ⓴7

기초편 05
❶8 ❷7 ❸1 ❹6 ❺8
❻7 ❼2 ❽1 ❾5 ❿5
⓫8 ⓬6 ⓭4 ⓮3 ⓯2
⓰7 ⓱5 ⓲6 ⓳3 ⓴4

기초편 06
❶5 ❷4 ❸3 ❹7 ❺3
❻2 ❼3 ❽7 ❾4 ❿2
⓫7 ⓬6 ⓭8 ⓮8 ⓯6
⓰6 ⓱2 ⓲8 ⓳6 ⓴5

기초편 07
❶7 ❷6 ❸6 ❹4 ❺5
❻8 ❼2 ❽4 ❾3 ❿8
⓫8 ⓬4 ⓭6 ⓮5 ⓯7
⓰2 ⓱8 ⓲1 ⓳3 ⓴1

기초편 08
❶4 ❷6 ❸1 ❹7 ❺3
❻5 ❼7 ❽4 ❾3 ❿2
⓫5 ⓬6 ⓭4 ⓮5 ⓯7
⓰8 ⓱2 ⓲6 ⓳1 ⓴3

A-2
초등수학 계산법

09단계 정답

기초편 01

①10 ②12 ③16 ④13 ⑤14
⑥14 ⑦15 ⑧15 ⑨17 ⑩13
⑪12 ⑫13 ⑬13 ⑭10 ⑮12
⑯16 ⑰15 ⑱16 ⑲18 ⑳13

기초편 02

①13 ②17 ③11 ④13 ⑤14
⑥16 ⑦14 ⑧14 ⑨12 ⑩18
⑪14 ⑫13 ⑬12 ⑭16 ⑮13
⑯10 ⑰13 ⑱11 ⑲11 ⑳15

기초편 03

①15 ②12 ③13 ④17 ⑤12
⑥15 ⑦16 ⑧13 ⑨13 ⑩16
⑪15 ⑫14 ⑬12 ⑭13 ⑮14
⑯17 ⑰14 ⑱15 ⑲16 ⑳12

기초편 04

①15 ②15 ③13 ④12 ⑤17
⑥14 ⑦12 ⑧11 ⑨12 ⑩14
⑪14 ⑫15 ⑬15 ⑭12 ⑮13
⑯12 ⑰13 ⑱13 ⑲16 ⑳12

기초편 05

①12 ②14 ③13 ④17 ⑤11
⑥12 ⑦12 ⑧14 ⑨15 ⑩16
⑪15 ⑫16 ⑬12 ⑭12 ⑮13
⑯13 ⑰15 ⑱15 ⑲11 ⑳16

기초편 06

①15 ②13 ③13 ④12 ⑤12
⑥17 ⑦13 ⑧17 ⑨14 ⑩13
⑪16 ⑫14 ⑬12 ⑭12 ⑮15
⑯18 ⑰14 ⑱13 ⑲11 ⑳13

기초편 07

①12 ②12 ③12 ④15 ⑤13
⑥14 ⑦12 ⑧14 ⑨16 ⑩14
⑪13 ⑫18 ⑬16 ⑭16 ⑮13
⑯14 ⑰12 ⑱13 ⑲11 ⑳15

기초편 08

①10 ②13 ③13 ④12 ⑤17
⑥15 ⑦13 ⑧12 ⑨14 ⑩12
⑪12 ⑫14 ⑬14 ⑭18 ⑮16
⑯17 ⑰12 ⑱15 ⑲12 ⑳16

A-2 초등수학 계산법

10단계 정답

기초편 01

❶ 8	❷ 6	❸ 6	❹ 8	❺ 8
❻ 3	❼ 9	❽ 6	❾ 8	❿ 5
⓫ 4	⓬ 5	⓭ 5	⓮ 9	⓯ 6
⓰ 8	⓱ 4	⓲ 4	⓳ 7	⓴ 7

기초편 02

❶ 9	❷ 9	❸ 6	❹ 8	❺ 5
❻ 6	❼ 8	❽ 7	❾ 8	❿ 2
⓫ 9	⓬ 8	⓭ 6	⓮ 5	⓯ 8
⓰ 9	⓱ 8	⓲ 8	⓳ 4	⓴ 9

기초편 03

❶ 4	❷ 9	❸ 6	❹ 4	❺ 7
❻ 8	❼ 5	❽ 7	❾ 6	❿ 7
⓫ 5	⓬ 8	⓭ 4	⓮ 9	⓯ 6
⓰ 8	⓱ 9	⓲ 3	⓳ 6	⓴ 9

기초편 04

❶ 4	❷ 8	❸ 6	❹ 9	❺ 9
❻ 9	❼ 4	❽ 7	❾ 8	❿ 5
⓫ 3	⓬ 6	⓭ 9	⓮ 5	⓯ 9
⓰ 8	⓱ 2	⓲ 6	⓳ 6	⓴ 8

기초편 05

❶ 4	❷ 7	❸ 9	❹ 8	❺ 8
❻ 6	❼ 9	❽ 8	❾ 7	❿ 8
⓫ 9	⓬ 6	⓭ 4	⓮ 9	⓯ 7
⓰ 6	⓱ 7	⓲ 7	⓳ 9	⓴ 6

기초편 06

❶ 8	❷ 6	❸ 6	❹ 8	❺ 8
❻ 9	❼ 7	❽ 4	❾ 5	❿ 8
⓫ 6	⓬ 8	⓭ 8	⓮ 8	⓯ 4
⓰ 9	⓱ 8	⓲ 4	⓳ 9	⓴ 6

기초편 07

❶ 7	❷ 7	❸ 8	❹ 6	❺ 6
❻ 9	❼ 7	❽ 8	❾ 3	❿ 8
⓫ 6	⓬ 9	⓭ 8	⓮ 8	⓯ 7
⓰ 5	⓱ 6	⓲ 4	⓳ 8	⓴ 7

기초편 08

❶ 4	❷ 9	❸ 5	❹ 7	❺ 6
❻ 9	❼ 9	❽ 7	❾ 3	❿ 8
⓫ 8	⓬ 8	⓭ 8	⓮ 8	⓯ 7
⓰ 7	⓱ 5	⓲ 4	⓳ 8	⓴ 8

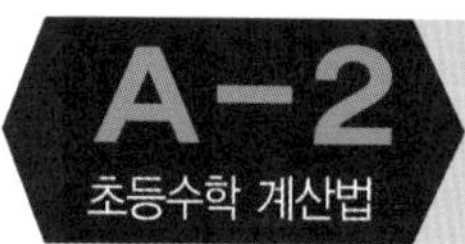

종합문제 정답

기초편 01

❶ 87 ❷ 56 ❸ 69 ❹ 13 ❺ 9 ❻ 59 ❼ 68 ❽ 16 ❾ 66 ❿ 82
⓫ 7 ⓬ 6 ⓭ 14 ⓮ 13 ⓯ 13 ⓰ 8 ⓱ 6 ⓲ 4 ⓳ 6 ⓴ 4

기초편 02

❶ 7 ❷ 10 ❸ 55 ❹ 2 ❺ 9 ❻ 13 ❼ 3 ❽ 9 ❾ 15 ❿ 10
⓫ 8 ⓬ 13 ⓭ 7 ⓮ 47 ⓯ 49 ⓰ 64 ⓱ 55 ⓲ 8 ⓳ 38 ⓴ 79

기초편 03

❶ 83 ❷ 5 ❸ 38 ❹ 42 ❺ 7 ❻ 26 ❼ 54 ❽ 96 ❾ 26 ❿ 6
⓫ 4 ⓬ 15 ⓭ 7 ⓮ 16 ⓯ 6 ⓰ 12 ⓱ 8 ⓲ 69 ⓳ 12 ⓴ 8

기초편 04

❶ 29 ❷ 95 ❸ 78 ❹ 7 ❺ 48 ❻ 37 ❼ 71 ❽ 11 ❾ 35 ❿ 94
⓫ 6 ⓬ 6 ⓭ 2 ⓮ 8 ⓯ 13 ⓰ 15 ⓱ 12 ⓲ 6 ⓳ 5 ⓴ 6